撒 沙

科学艺术家
科普书作家
圣彼得堡国立艺术学院艺术学博士
莫斯科大学古生物学在读硕士

　　我出生在圣波得堡，虽然平时都在大城市生活，但是每年的暑假我和弟弟都是在姥姥家度过的，姥姥家就在大森林旁边。在那里我们常常能发现各种各样的小动物。有时候我们也会做一些对小动物来说很可怕的事情。有一次我们正在追打一只大蜘蛛，正好有个朋友来了，说："你们不要打蜘蛛，它们也是生命！"这句话对我们的影响非常大，从那以后，我们再也没折磨过小动物。现在我和弟弟都已经有了自己的孩子，我们都非常重视对孩子的教育。告诉孩子们小草、大树、小虫子、蜗牛、鸟等都是大自然家庭的一员，教育他们要爱护大自然！我希望这套《家门外的自然课》系列图书能让小朋友们和我的孩子一样，学会喜欢和保护大自然！

　　　　　　　　　　　　　　撒 沙

撒沙对于这套书的创作是从这个笔记本开始的，上面密密麻麻记录了她认为对于孩子而言有趣的知识点，通常是用俄语、汉语、英语三种语言来完成这样的记录。

这套书送给
魏嘉、倍嘉、
锁嘉和所有
爱大自然的
孩子！

家门外的自然课 系列

刘撒沙
姬云婷 著
刘撒沙 绘

看！蚯蚓

◇ 山东科学技术出版社
·济南·

不可缺少的小动物

头部　刚毛

大到一棵树，小到一滴水，世界上处处充满了生机。在我们脚底下的土地里，也有一个热闹的小王国。这里住着很多种动物、植物和菌类生物，有些我们连名字都叫不上来。在这些生物中间，我们最熟悉、最喜爱的要数蚯蚓了，它是土壤中的工程师。（请去24-25页了解更多。）

？！ 没有人知道这些远古生物的颜色，小朋友，拿起彩笔为它们涂上想象中的颜色吧！

曙镰棘虫

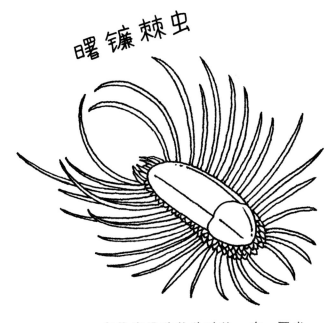

威瓦亚虫

科学家说，这种神奇的"小虫子"有可能是蚯蚓的祖先。它生活在约5亿500万年以前的海洋里，最长的有5厘米。

它是海里的软体动物，有1厘米长，和威瓦亚虫生活在同一个时代，也有可能是蚯蚓的祖先。

环带

平时蚯蚓住在泥土里，雨后会爬到地面上来。（它们为什么要这样做？请看第13页。）蚯蚓长得很有趣：身体长长的，没有腿，只有口（嘴巴）在头部、肛门在尾部还有很多刚毛。别的动物有眼睛、鼻子、耳朵，而它没有。蚯蚓的身体分成很多节，有一个节看起来特别大，叫作环带。

！！！

蚯蚓全身都是软的，没有骨骼，所以很难变成化石。目前发现的最早的蚯蚓化石来自6500万年以前，恐龙刚刚灭绝的时候。可是我们的世界很早就有蚯蚓了—比恐龙还要早很多！而且很久以前，蚯蚓做了一件十分重要的事，你能想到是什么吗？（请看第21页。）

尾部

肛门

蚯蚓有什么样的？

蚯蚓有很多种，科学家需要用放大镜观察蚯蚓的体节和刚毛，看环带的位置，才能分辨出它们的类别。

蚯蚓都不喜欢阳光！阳光对蚯蚓会造成致命的伤害。

小朋友，图中的尾巴是哪条蚯蚓的？

巨蚓

澳大利亚的巨蚓是世界上最长的蚯蚓，有 300-400 个环节，能长到 3-4 米长。澳大利亚还为这种蚯蚓专门设立了博物馆，博物馆的外形就是一只大蚯蚓。

陆正蚓的特征是红色的头和淡色的尾巴。

陆正蚓

赤子爱胜蚓的特征是身上的红斑纹，还会散发臭味。

赤子爱胜蚓

!!! 我们常见的蚯蚓生活在陆地上，它们的刚毛比较少。而有一些生活在大海里的蚯蚓身上却长满长长的刚毛。

正颤蚓生活在淡水里，它的皮肤是透明的，血液是红色的，所以身体看起来也是红色的。

微白色线蚓

微白色线蚓是一种线蚓，有时可以在花盆里看到。

正颤蚓

毛毛虫是蝴蝶或者蛾的宝宝（幼虫），它看起来很像蚯蚓。

dù
苹果蠹蛾的幼虫

5

小朋友，请你在这些枯叶之间找出六条蚯蚓。

6

蚯蚓爱吃什么?

蚯蚓最爱吃的就是腐烂的叶片和动物残骸,也吃动物的粪便和泥土。

对蚯蚓来说,秋天是美食最多的季节。幽静的晚上,它们会非常小心地从洞里探出一部分身体,摸摸、闻闻哪儿有吃的,找到后用嘴巴咬住,再缩回到洞里去。如果食物太大,蚯蚓还会把它折叠一下,塞进洞里。

蚯蚓没有我们这样的鼻子,能闻到味道吗?有人做过试验,将有气味的物体靠近蚯蚓的头、尾和身体两侧,蚯蚓的反应是一样的。这就说明,它身体各部位都能感受到气味!

蚯蚓没有牙齿,所以只能吃非常软的东西。吃腐烂的树叶时,它只吃最软的部分,留下粗叶脉和叶柄。

蚯蚓怎么休息？

如果地面上太吵，或者太冷、太热、太干，蚯蚓就会挖很深的洞，然后爬到最深处休息。地面上恢复宁静后，蚯蚓又会爬回浅一些的地方来。

冷冷的冬天才是蚯蚓大睡的时间。准备休息之前，蚯蚓会"关上家门"，也就是用枯树叶、碎纸片、小羽毛之类的东西堵住洞口。

!!! 科学家说，蚯蚓平时不会像我们一样睡大觉，只会小憩。

？ 小朋友，你家门外最常见的蚯蚓大概是什么颜色的？你家门外的泥土有哪些颜色呢？请你观察过之后，给这张图片涂上颜色吧！

8

很多动物不会挖土，比如说蛤蟆和蛇。冬天到来的时候，它们会找一个现成的洞，或者干脆睡在别的小动物挖的洞里。

除了蜗牛、刺猬、老鼠、壁虎，还有很多动物会给自己准备过冬的洞穴，并用树叶之类的东西盖住洞口。

泥土里有一些动物正在休息：蛤蟆、壁虎、刺猬、蜗牛。你能认出它们吗？

9

蚯蚓的爬行方式

蚯蚓的每个环节上长有两层肌肉，四对刚毛，借助肌肉的伸缩，配合刚毛的作用，蚯蚓就可以往前爬了。爬的时候，这些刚毛就"抓住"地面。

10

粘

请你在爸爸妈妈的帮助下，把 11 页上有剪刀标志的线剪开，把 10 页和 11 页粘在一起，再照着提示图翻翻纸片，纸上的蚯蚓、蛇、尺蠖和蜗牛就爬起来啦！

 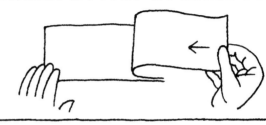

蚯蚓

为什么小鸟拉住蚯蚓的尾巴也很难阻止它往洞里爬？因为它的刚毛是向后长的，鸟从后面拉它，刚毛就起到了"倒刺"的作用。如果你从尾向头摸摸蚯蚓，就能感觉到这些刚毛。

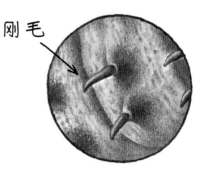

刚毛

金环蛇

尺蠖(尺蛾的幼虫)
huò

巴蜗牛

粘

蚯蚓怎么呼吸?

蚯蚓的皮肤外面裹着一层黏液,起保护作用,既能消毒又能透气,不影响它用皮肤呼吸。

善于用皮肤呼吸的还有两栖动物,比如用鼻子(肺)和皮肤都能呼吸的青蛙。它们为了在水里生活才练就了这个本领。

土地里不只有泥土,还有水和空气,只是这里的空气和我们呼吸的空气不一样,氧气更少,二氧化碳却更多。

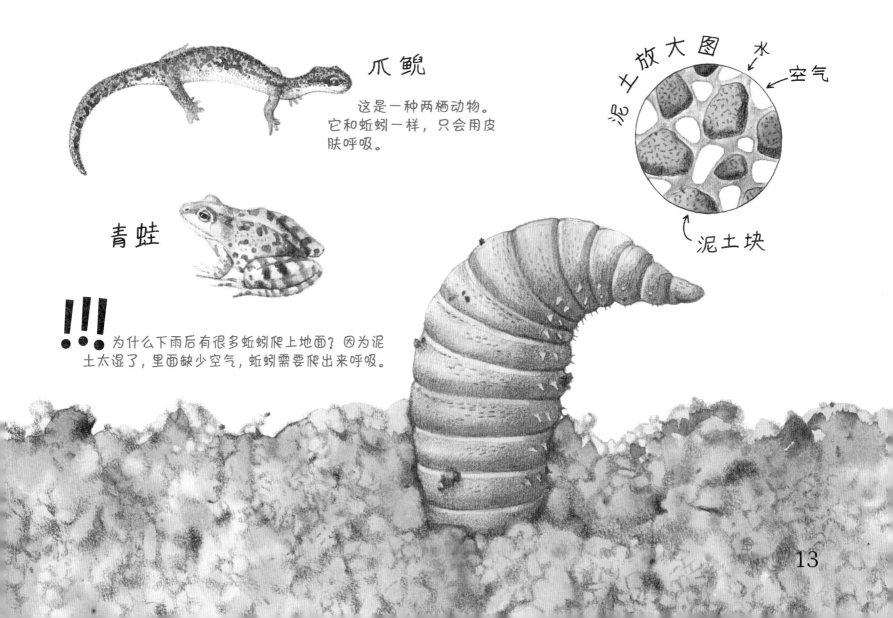

爪鲵

这是一种两栖动物。它和蚯蚓一样,只会用皮肤呼吸。

泥土放大图 水 空气 泥土块

青蛙

!!! 为什么下雨后有很多蚯蚓爬上地面?因为泥土太湿了,里面缺少空气,蚯蚓需要爬出来呼吸。

蓝莓

!!! 一条蚯蚓花上一天一夜的时间，就能拉出和自己体重一样沉的泥土。所以，一万平方米内的蚯蚓一年能拉出好几吨泥土。太能干了！

蚯蚓在石头边挖土，石头便慢慢地沉下去了，给植物的根让出了地方．

14

爱劳动的蚯蚓

蚯蚓挖洞时会把泥土挖松，让泥土像海绵一样吸饱空气和水分，帮植物的根扎得更好。并且，由于蚯蚓不断地松土，泥土里的硬东西会逐渐下沉，上面只留软软的泥土。蚯蚓再用粪便施施肥，嗯，真是块儿好地呀！吃饱饭后，蚯蚓会把吸收不了的东西从肛门排出来，形成各种形状的"雕塑"。如果你在户外看到这种"雕塑"，就说明泥土中有蚯蚓哦！

◀ 蚯蚓是植物垃圾回收工。

>?<

小朋友，请仔细观察左边的大图。你能说一说这些蚯蚓都分别在忙什么吗？

▶ 蚯蚓是农场里的农夫，会松土。

◀ 蚯蚓是花园里的园丁，会挖土。

▶ 蚯蚓是很特别的雕塑家。

15

蚯蚓宝宝

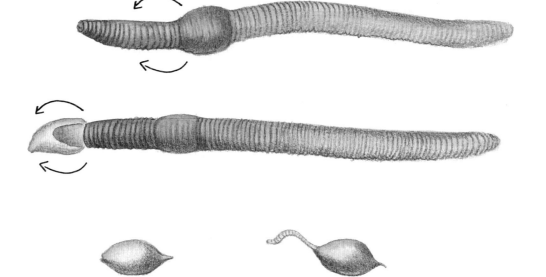

准备生宝宝的时候，蚯蚓妈妈要把卵囊从头部慢慢地脱下来，就像我们脱衣服一样。

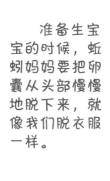

每条蚯蚓都可以又当爸爸又当妈妈。两条蚯蚓结婚以后，各自的环带位置就开始长出一个黏液做的卵囊。大约过上两到四个星期，蚯蚓就会把卵囊放进泥土里面。

卵囊里面是小蛋一样的蚯蚓卵。这些未出世的宝宝会在泥土里面等到温度、湿度等条件合适的时候才会出生。出生的时候，蚯蚓宝宝直接从卵囊里爬出来，就成了独立的小蚯蚓了。

新出生的蚯蚓宝宝这么小！它们正藏在泥土里。小朋友，你能不能在这片泥土里找到七个卵囊？这七个卵囊有几个已经孵化出小蚯蚓了？

蚯蚓的家和邻居

蚂蚁家

蚂蚁对蚯蚓不太友好，它们会吃蚯蚓。

蚯蚓的家是一些细细长长的洞，藏在又黑又硬的泥土里。软软的蚯蚓怎样挖洞呢？有两种办法：一种是把土拱开，另一种是干脆把土吃进去。

吃土不算什么，有的土里面有很硬的东西，比如沙子和白垩，蚯蚓也能吃下去。

?
小朋友，请你拿起画笔，给蚯蚓画一个完整的洞，让它可以爬到地面上去吃树叶。注意，要躲开泥土里的"邻居们"和石头哦！

!!!
蚯蚓的家通常有60-80厘米长。世界上最大的蚯蚓（请看第4页）能挖出3米多长的洞！

18

蛴螬是金龟甲的宝宝（幼虫），它不吃蚯蚓。

蛴螬（qí cáo）

蝼蛄（lóu gū）

蝼蛄是生活在泥土里的昆虫。它吃植物的根，也吃蚯蚓！

蚯蚓能给自己造出"带地板的卧室"。"卧室"在洞的末端，藏在那里，蚯蚓可以躲避干旱、寒冷和危险。"地板"则是一些小石子或种子，帮蚯蚓储存一点儿空气。有时候，蚯蚓还会在洞里贴上"壁纸"，也就是一些小块的树叶，大概天冷的时候，蚯蚓不愿意碰到凉凉的泥土吧！

鼹鼠

对鼹鼠来说，蚯蚓是美味的大餐！

19

小草儿

蛤蟆

自然为什么需要蚯蚓?

>?< 小朋友,你知不知道蚯蚓是怎样帮泥土"呼吸"和"喝水"的?(答案在第 15 页。)

乌鸫

蚯蚓

20

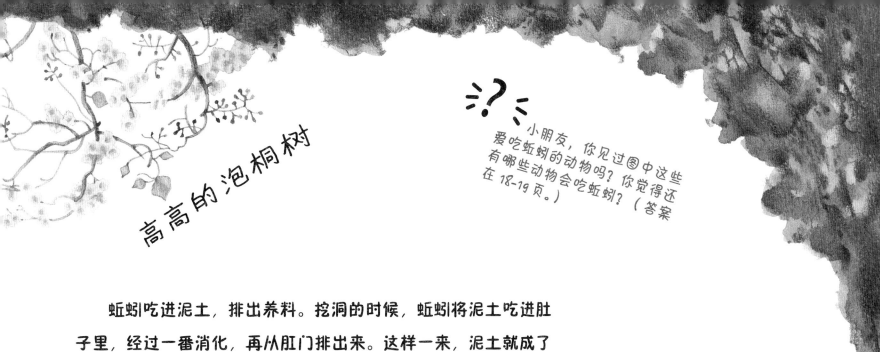

高高的泡桐树

小朋友，你见过图中这些爱吃蚯蚓的动物吗？你觉得还有哪些动物会吃蚯蚓？（答案在18-19页。）

蚯蚓吃进泥土，排出养料。挖洞的时候，蚯蚓将泥土吃进肚子里，经过一番消化，再从肛门排出来。这样一来，泥土就成了富含钙、镁、磷、氮的"营养土"，最受植物欢迎。

蚯蚓和泥土里的其他小生物可以把埋在地下的死去的动植物分解，重新变成泥土。

还有，我们前面说过的，蚯蚓是多种动物的食物。

刺猬

!!! 有些科学家说，5亿年以前，地球上的生命全集中在海洋里，其中有一种很像蚯蚓的动物不停地挖土，让海水里的空气（水里也有空气！）变得更适合其他动物进化了，所以才有了更多、更复杂的物种，包括我们人类。

蚯蚓见了我们会怎么样？

蚯蚓看不见我们，它没长眼睛，但它能感觉到我们在地上走来走去。因为我们走路时地面轻微地震动，蚯蚓的身体能感觉到这种震动。

其实，蚯蚓长着我们看不见的"眼睛"。蚯蚓的皮肤和内脏里面遍布一种小小的光敏细胞，因此，蚯蚓身体的每一部分都能感觉到阳光，它能"看见"白天和黑夜（它更喜欢黑夜哦）。

!!! 小朋友，摸过蚯蚓以后一定要好好地用肥皂洗手！

蚯蚓不会咬我们，它能感觉到我们的气味和它喜欢的食物的味道不一样。

22

小朋友，数数看，大图上的这条蚯蚓有多少环节？

蚯蚓的皮肤非常敏感，很怕我们触摸。哪怕我们只向它身上轻轻吹一口气，它也会警觉地爬起来。

蚯蚓与我们

蚯蚓不适合做宠物，因为养起来很麻烦，专家们为了科学研究才会饲养这些小生命。蚯蚓对环境的要求很高，饲养之前，要准备一个大大的盒子，最底层铺上普通的泥土（蚯蚓就住在这一层），泥土上面放腐烂的蔬菜、水果或者别的食物残渣（不能放咸的东西），最上面盖上枯草或枯叶。饲养过程中，要经常翻动下层的泥土和蚯蚓，定期往里加点水，确保土壤不会太干或太湿。另外，还要注意不能让别的小动物爬进来。还要避免长出太多霉菌。

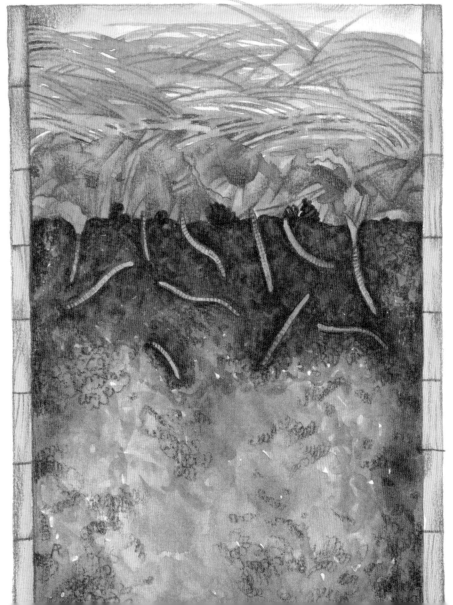

←枯草

←腐烂的
食物垃圾

←泥土和蚯蚓

?

小朋友，请你数一数，这块泥土里面有几条蚯蚓？

对人类来说，蚯蚓的确帮了很大的忙。蚯蚓带来的腐殖质让土地更肥沃，植物也跟着长得更好了。我们平时吃到新鲜的蔬果，看到美丽的鲜花、挺拔的树木，也许都有蚯蚓的功劳。

现在，有些热爱环保的人也开始尝试在家里养蚯蚓，让它们帮助分解食物垃圾，让这些垃圾以自然的方式返回大自然。

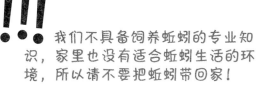

!!! 我们不具备饲养蚯蚓的专业知识，家里也没有适合蚯蚓生活的环境，所以请不要把蚯蚓带回家！

三色堇

知更鸟

你能画几块大石头，挡住那几条可能遇到危险的蚯蚓吗？帮它们改变一下路线，可以救它们的命哦！

小朋友，请你仔细看一看图中的四条蚯蚓。它们是在同一个地方同时出生的，但是爬往不同的方向。它们都想爬到地面上找食物，你想想看，哪条蚯蚓会顺利找到食物？哪条蚯蚓会遇到危险？

蚯蚓能活多久？!!!

小朋友们要注意，如果天气很干，你却在地面上看见了蚯蚓，请不要动它，它很可能生病了。

幸运的话，蚯蚓能活十年，但真正活到十年的蚯蚓少之又少。蚯蚓一生中会遇到很多危险，严重的会让它丢掉性命。首先，很多动物惦记着吃它，像鸟啦，鼹鼠啦，蚂蚁啦，蝼蛄啦，等等。其次，农药、干旱、寒流也是蚯蚓的大敌。而且，蚯蚓身上可能会长小小的寄生虫，弄得蚯蚓非常难受，不得不从洞里爬出来，在地面上死去。另外，爬到地面上的蚯蚓，还会遭遇各种交通工具和人类的踩踏。

蝼蛄

我是小小科学家

下雨后，你和爸爸妈妈可能会在路上遇到很多蚯蚓，轻轻地拿起一条观察一下吧！

怎么区分蚯蚓的头和尾巴呢？蚯蚓的头比尾巴尖，颜色深，动作也更灵活。另外，离环带近的是头，远的是尾巴。

怎么区分蚯蚓的背部和腹部呢？蚯蚓的腹部比背部平坦，颜色浅一些。

!!! 观察完蚯蚓之后，要把它们放到草坪里，尽量离马路远一些，这样它们就不容易被踩死了。最后，一定要好好洗洗手！

>?< 小朋友，请你看看右边的色带：这是各种蚯蚓的颜色。下雨后，你可以拿着这本书和笔，到家门外去找蚯蚓。找到之后，先不要动它，先找出它对应的色条，然后将蚯蚓的长短和这个色条比一比，在色条上用线表示出来（你可以参照例子），在旁边记下发现这条蚯蚓的日期和地点。

28

蚯蚓有好多种不同的颜色，甚至不同地方出生的蚯蚓，颜色都不一样。

这么说吧，你家门口的蚯蚓和我家门口的蚯蚓，可能就完全不同了！

你可以像科学家一样，做一个观察蚯蚓的记录。

只是别忘了，到家门外观察大自然的时候，要和爸爸妈妈或爷爷奶奶一起！

29

这是在济南郊区的一个春天,在石头底下发现的蚯蚓。

这是来自江西省九连山海拔461米的巨蚓科蚯蚓,它们生活在松树、油茶、芒和蕨类植物较多的区域。

摄影/南京农业大学孙静

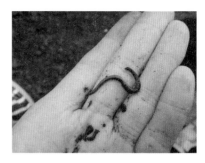

这是在圣彼得堡郊区看到的蚯蚓。

这是来自中国茶叶之乡福建省武夷山桐木村海拔830米的巨蚓科蚯蚓,它们生活在松树、乔木和竹子构成的混交林中,周边往往种植着大量茶树。

摄影/南京农业大学孙静

这是来自中国广东省南岭海拔1079米的巨蚓科蚯蚓,生活在松树、野桃树、杨梅、芒和蕨类植物较多的区域。蚯蚓身体前端有指环状的环带,为我国的主要蚯蚓类群的典型特征。

摄影/南京农业大学孙静

创作过程图

魏嘉和妈妈一起为这本书的插图画底色。

创作过程图

撒沙就是在这个工作台上完成了一幅幅精美的插画。